生命的旅程

（美）劳拉·珀迪·萨拉斯/文　（美）杰夫·耶什/图　丁克霞/译

北京时代华文书局

图书在版编目（CIP）数据

黄粉虫长大了 /（美）劳拉·珀迪·萨拉斯文 ;（美）杰夫·耶什图 ；丁克霞译 . — 北京 ：北京时代华文书局，2019.5
（生命的旅程）
书名原文：From Mealworm to Beetle
ISBN 978-7-5699-2957-7

Ⅰ . ①黄… Ⅱ . ①劳… ②杰… ③丁… Ⅲ . ①昆虫—儿童读物 Ⅳ . ① Q96-49

中国版本图书馆 CIP 数据核字 (2019) 第 033064 号

From Mealworm to Beetle Following the Life cycle
Author: Laura Purdie Salas
Illustrated by Jeff Yesh
Copyright © 2018 Capstone Press All rights reserved. This Chinese edition distributed and published by Beijing Times
Chinese Press 2018 with the permission of Capstone, the owner of all rights to distribute and publish same.
版权登记号 01-2018-6436

生 命 的 旅 程　黄 粉 虫 长 大 了
Shengming De Lücheng Huangfenchong Zhangda Le

著　　者 |（美）劳拉·珀迪·萨拉斯 / 文；（美）杰夫·耶什 / 图
译　　者 | 丁克霞

出 版 人 | 王训海
策划编辑 | 许日春
责任编辑 | 许日春　沙嘉蕊　王　佳
装帧设计 | 九　野　孙丽莉
责任印制 | 刘　银

出版发行 | 北京时代华文书局 http://www.bjsdsj.com.cn
　　　　　北京市东城区安定门外大街 138 号皇城国际大厦 A 座 8 楼
　　　　　邮编：100011 电话：010-64267955 64267677
印　　刷 | 小森印刷（北京）有限公司　　电话：010 － 80215073
　　　　　（如发现印装质量问题，请与印刷厂联系调换）
开　　本 | 787mm×1092mm　1/20　　印 张 | 12　字 数 | 125 千字
版　　次 | 2019 年 6 月第 1 版　　印 次 | 2019 年 6 月第 1 次印刷
书　　号 | ISBN 978-7-5699-2957-7
定　　价 | 138.00 元（全 10 册）

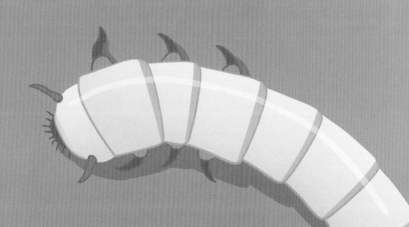

重大变化

　　暗黑甲壳虫刚出生时只是一只黄粉虫。但是在发育过程中，它的形态会发生重大变化，最终长成一只成年甲壳虫。甲壳虫的种类有很多，我们一起来看一下暗黑甲壳虫的生命周期吧。

许多孩子在教室就能研究暗黑甲壳虫的生命周期。这种动物很小，养起来也简单。

甲壳虫的生命起源

　　暗黑甲壳虫的卵是椭圆形的，有白色光泽。成年雌性甲壳虫会在谷堆或谷仓附近产卵，而这些谷物将会成为黄粉虫的食物。4～19天后，黄粉虫就会孵化破壳。

暗黑甲壳虫卵跟针头差不多大小。

幼虫

　　黄粉虫是暗黑甲壳虫的幼虫形态。幼虫一开始是白色的，随着慢慢长大会逐渐变成黄褐色。刚刚孵化的幼虫，大约只有一粒米那么大。

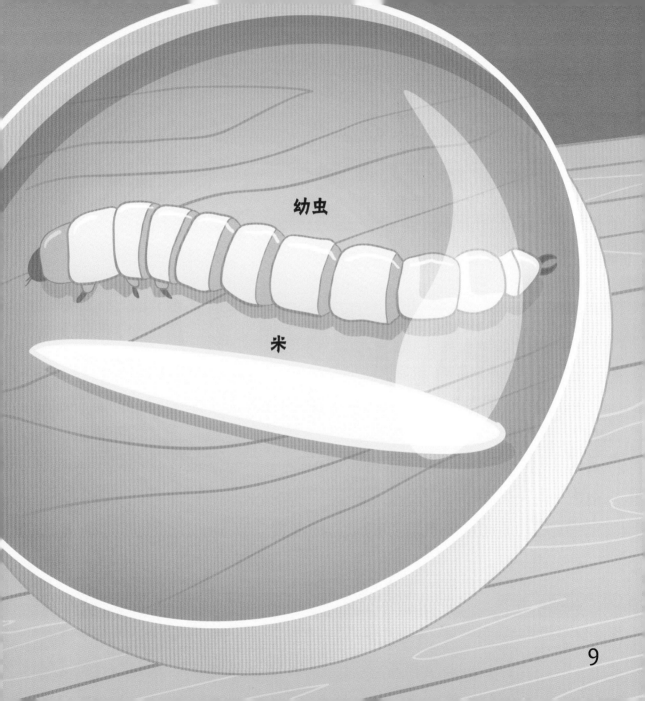

幼虫

米

9

看起来像蠕虫竟然不是蠕虫？

黄粉虫看起来像蠕虫，但其实它是昆虫。它有一个叫作外骨骼的壳。这个壳由许多几丁质的硬甲组成，它们起着保护黄粉虫的内部器官的作用。

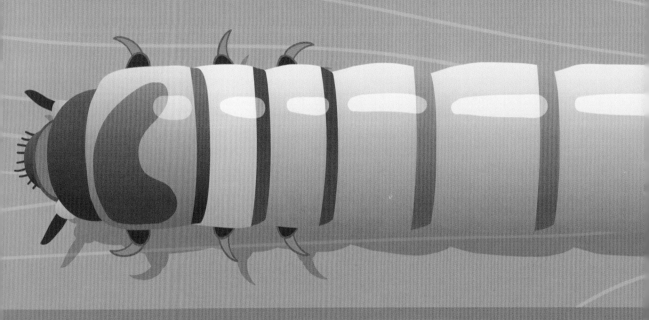

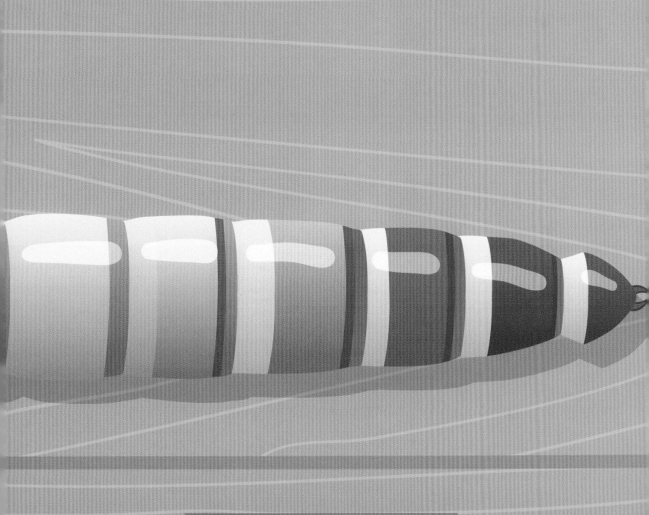

黄粉虫有三对足，都粗粗短短的，聚集在身体的前部。

蜕皮

　　黄粉虫逐渐长得够大时，它的外骨骼就会裂开，软软的幼虫从壳里爬出来，这个过程叫作蜕皮。一旦新的外骨骼变硬，幼虫就会开始继续觅食，慢慢长大。数月内，黄粉虫会蜕皮14~15次。

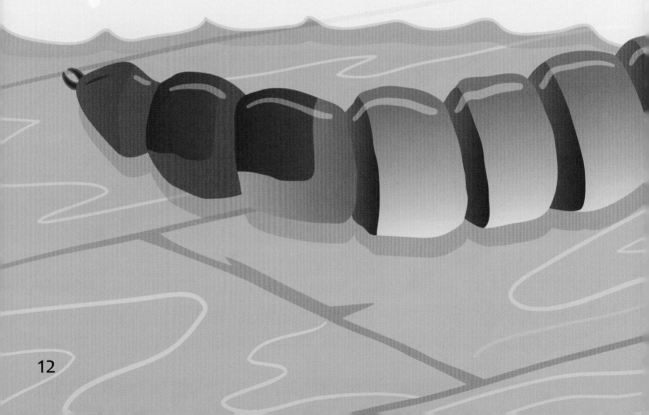

　　幼虫阶段通常持续6~9个月，最长可持续两年。如果环境偏冷，幼虫需要更长的时间去发育。

13

变化

　　黄粉虫最后一次脱掉外壳时，它就变成了蛹，虫蛹的体长比订书钉长一点点。它全身颜色雪白，摸起来像皮革。它有一个头和一条尖头的尾巴。

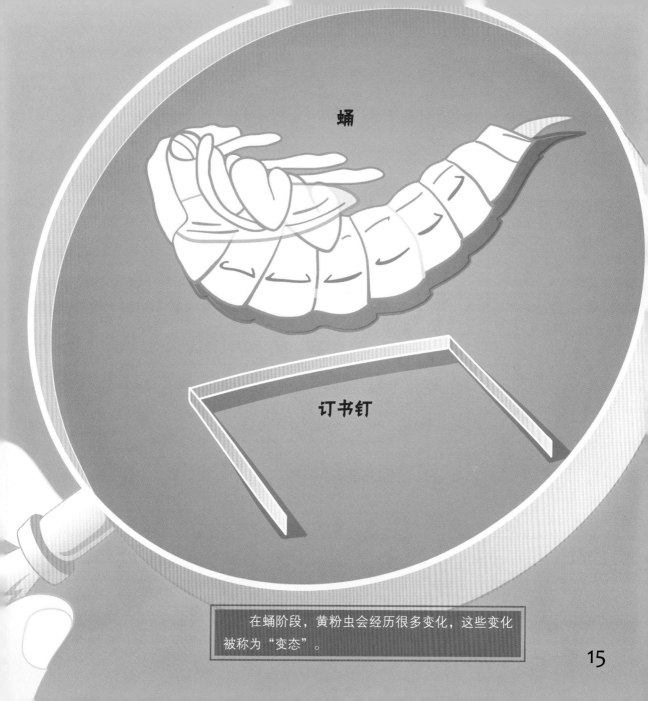

蛹

订书钉

在蛹阶段，黄粉虫会经历很多变化，这些变化被称为"变态"。

15

虫蛹阶段

在虫蛹内部，黄粉虫将身体分解，并重新组成成虫所需的身体结构，如腿、触角、翅膀等。虫蛹阶段通常持续两周。

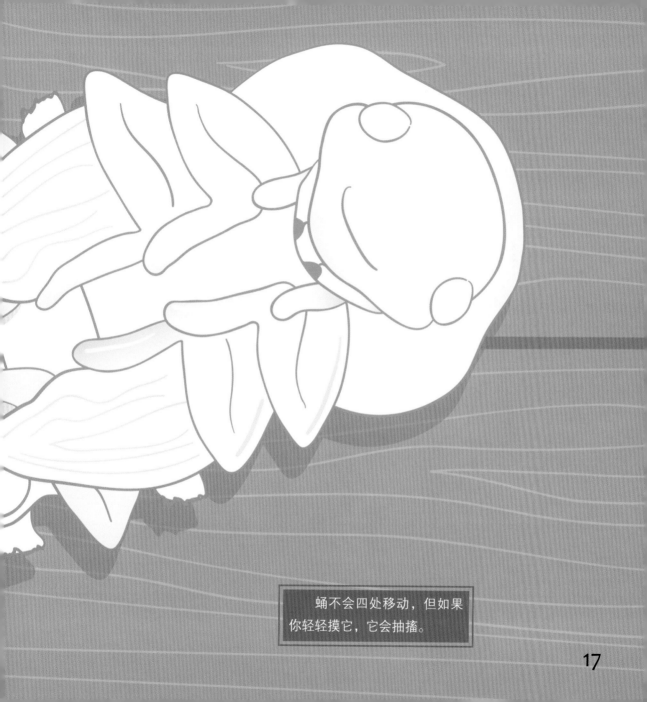

蛹不会四处移动，但如果你轻轻摸它，它会抽搐。

17

终于，变成甲壳虫了！

在合适的时机，蛹的外骨骼出现裂纹，并逐渐裂开，一只成年暗黑甲壳虫爬了出来。甲壳虫一开始是白色的，不过很快就会变成黑色。

交配

　　成年甲壳虫找到伴侣交配后，雌性甲壳虫就会产卵，卵的数量多达1000只。雌性甲壳虫会在食物充足的地方产卵。黄粉虫破壳后就会吃这些食物。

暗黑甲壳虫的生命周期很短，它们通常只能活1年。

暗黑甲壳虫的生命周期

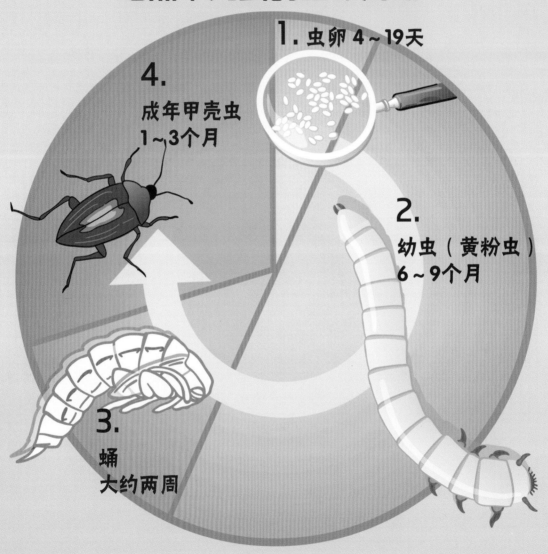

1. 虫卵 4～19天

2. 幼虫（黄粉虫）6～9个月

3. 蛹 大约两周

4. 成年甲壳虫 1～3个月

有趣的冷知识

★ 除了南极洲和北极圈，几乎在世界各地都有黄粉虫和暗黑甲壳虫。

★ 黄粉虫有简单的眼睛，可以在黑暗中区分光线。相比之下，黄粉虫更喜欢黑暗。

★ 黄粉虫要蜕皮14~15次，而其他昆虫则只需蜕皮3~4次。

★ 因为可以控制食物、光线、温度等变化，在教室里，黄粉虫的生命周期会比自然状态下的快很多。

★ 黄粉虫是以它们吃的食物——谷物或粉类命名的。

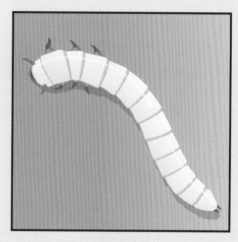

黄粉虫